treine seu cérebro

2

Dados Internacionais de Catalogação na Publicação (CIP)
(Câmara Brasileira do Livro, SP, Brasil)

Navarro, Àngels
Treine seu cérebro, vol. 2 : os melhores desafios contra o envelhecimento cerebral / Àngels Navarro ; tradução de Guilherme Summa. – Petrópolis, RJ : Vozes, 2016.

3ª reimpressão, 2019.

Título original: Entrena tu cerebro : los mejores retos contra el envejecimiento cerebral

ISBN 978-85-326-5270-6

1. Atividades e exercícios 2. Disciplina mental 3. Jogos I. Título.

16-03461 CDD-158.1

Índices para catálogo sistemático:
1. Mente humana : Psicologia aplicada 158.1

ÀNGELS NAVARRO

treine seu cérebro

Os melhores desafios contra o envelhecimento cerebral

Tradução de Guilherme Summa

EDITORA VOZES

Petrópolis

2

Título do original em espanhol: *Entrena tu cerebro 2. Los mejores retos contra el envejecimiento cerebral*

Direitos de publicação em língua portuguesa – Brasil:
Editora Vozes Ltda.
Rua Frei Luís, 100
25689-900 Petrópolis, RJ
www.vozes.com.br
Brasil

Editoração: Maria da Conceição B. de Sousa
Diagramação: Sheilandre Desenv. Gráfico
Capa: Do original em espanhol
Arte-finalização: SGDesign

ISBN 978-85-326-5270-6 (Brasil)
ISBN 978-84-696-0182-2 (Espanha)

Editado conforme o novo acordo ortográfico.

Este livro foi composto e impresso pela Editora Vozes Ltda.

INTRODUÇÃO

Existe nos dias de hoje a crescente consciência de que é tão importante exercitar o corpo quanto manter a mente ativa. A razão disso é que nosso cérebro também precisa ficar em forma para tirar o máximo proveito de suas qualidades e conservar-se saudável pelo maior tempo possível.

Os jogos apresentados nestes cadernos constituem uma excelente ferramenta para aumentar o rendimento do cérebro. Já se demonstrou que dedicar cerca de vinte minutos por dia à resolução desse tipo de jogos contribui para a melhora das capacidades cognitivas como a atenção, a memória, a agilidade mental, a concentração... Um treino constante não apenas propicia um aprimoramento da capacidade cerebral, como também retarda a deterioração da cognição que o passar dos anos costuma acarretar.

A coleção *Treine seu cérebro* é dirigida a adultos de todas as idades. Aos mais jovens proporcionará uma forma de reforçar a agilidade cerebral, e aos mais velhos, o auxílio para conservar um bom rendimento do cérebro. Cada caderno possui entre quarenta e quarenta e dois jogos desenvolvidos para ativar as capacidades que os psicólogos são unânimes em apontar como indicadores essenciais da inteligência:

atenção, memória, linguagem, cálculo, raciocínio e orientação espacial.

Para resolver estes jogos não são necessários grandes conhecimentos ou qualquer preparação especial. É preciso apenas abrir a mente, livrar-se de ideias preconcebidas e aceitar os desafios. O resultado será duplamente satisfatório: além de desfrutar de um momento de diversão, em pouco tempo você comprovará que o cérebro pode realmente ser estimulado e revitalizado.

Material necessário

Os cadernos foram desenvolvidos de forma que você possa resolver os jogos e escrever as soluções diretamente neles. Sugerimos a você que separe lápis, borracha e um bloco de papel para anotações, verificações, cálculos etc.

Nível de dificuldade

Todos os jogos trazem o seu nível de dificuldade indicado por uma, duas, três ou quatro lâmpadas. Quanto mais lâmpadas, maior a dificuldade.

FÁCIL MÉDIO DIFÍCIL MUITO DIFÍCIL

A dificuldade dos jogos não segue uma ordem, eles estão misturados. Essa indicação permite que você os selecione e realize seus próprios roteiros dentro do caderno, de acordo com o seu nível. Seja como for, você deve saber que as pessoas possuem inteligências distintas. Há vários tipos de inteligência e, portanto, o que é fácil para um indivíduo pode ser mais difícil para outro.

Tempo de resolução

Demore o tempo que precisar para resolver cada jogo. Tenha em mente que o mais importante não é o tempo de resolução, tampouco o resultado, e sim, o caminho percorrido para chegar até ele.

Soluções

Ao fim de cada caderno você encontrará as soluções para todos os jogos. Se estiver muito difícil encontrar a solução, persista um pouco mais antes de olhar a resposta; não desista. Leia atentamente o enunciado dos jogos até entendê-lo. Se não encontrar a resposta na primeira tentativa, não desanime nem abandone o jogo: utilize todas as suas estratégias, recorde-se de experiências vividas em jogos similares, experimente o método de tentativa e erro até encontrar a solução correta...

NÍVEL | MEMÓRIA

1. As chaves da casa

Memorize durante um minuto o que abre cada chave. Em seguida, tape a parte superior da página e escreva logo abaixo o que cada chave abre.

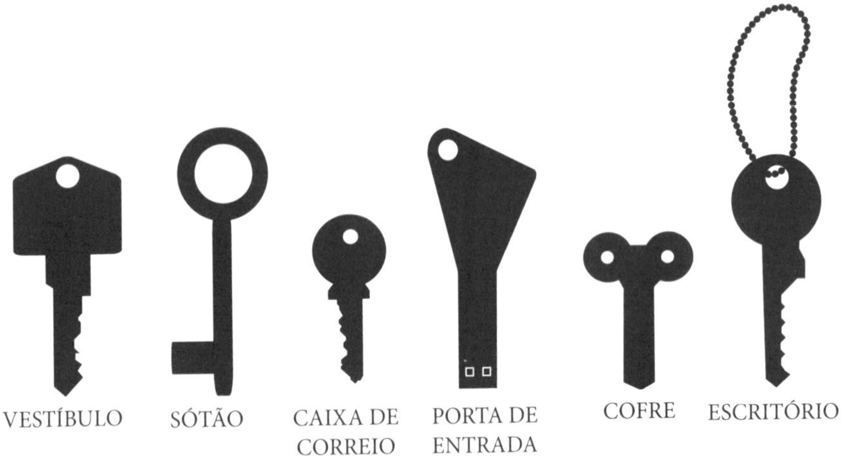

2. Séries numéricas

Encontre os dois números que completam estas séries numéricas:

3. Os caçadores da letra perdida

Encontre uma letra neste emaranhado de números.

4. Sobra uma

Qual destas palavras deve ser descartada?

QUADRADO ▪ CÍRCULO ▪ TRIÂNGULO ▪ CUBO ▪ LOSANGO ▪ RETÂNGULO

5. Números e sinais perdidos

Escreva dentro dos círculos os números ou símbolos matemáticos necessários para que as operações sejam corretas.

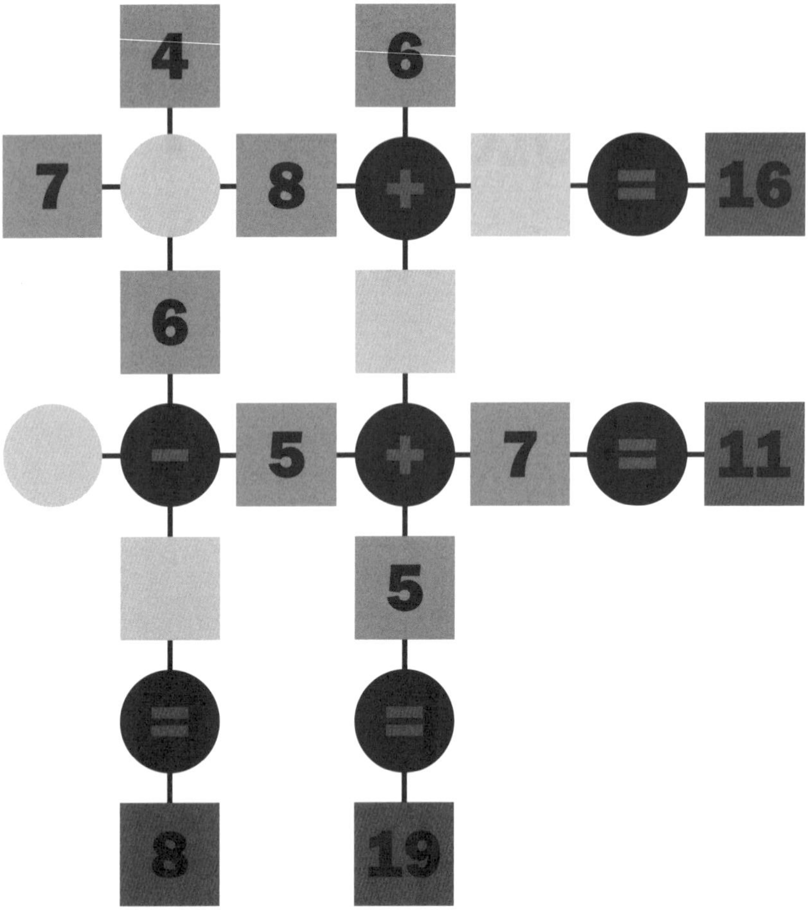

6. Letras em ordem

Circule os grupos de letras que estiverem em ordem alfabética.

A B M J I L O P Q R T F A S X C V L

M N E U T I O R S T D G H A O P Q

Z C V W E S H I J K E R F V C X

P Q U Y T L N B V S R T E W Q Z

X A S D U V W P U F J Q S A I E F G

X C D E F L O P I Y T G B V C A B C

D Q W E R M O P L K A H G Y F

J K L M A P L H Y W E D C B R S T

Q A Z C V B N Y T R F D S C D E F

Y N G F X Y Z Q O P T L A K J A B C

M U Y T H I J K O P Q G Y I O S D

C X N B Q I J K L M A Z P E R F D I

A M J U Y T F C S D X Z A Q R S T

H Y T C V B W A B C E F G H O I J

M N V C E T R S T U C I O P A S

A Q W E R C D E F T U V W X P

L M A Q H J Y R E T S D N A I

7. Sílabas fugidias

Seis palavras perderam uma sílaba ou outra. Reconstrua-as com as sílabas que aparecem à direita.

RAN	CAR_TA		LA	RIO	LEI
FAN_MA	_TURA		DRÍ	JA	ME
QUA_CU_	DRO_DÁ_		TAS	LA	RE

8. Frases incompletas

Complete as frases com uma das seguintes palavras:

Dia de Reis | **chuva** | **coelho** | **som** | **gramado** | **inverno**

O queijo está para o rato assim como a cenoura está para o ....

O dia 25 de dezembro está para o Natal assim como o dia 6 de janeiro está para o ....

O calor está para o verão assim como o frio está para o ....

O vermelho está para o fogo assim como o verde está para o ....

O raio está para o trovão assim como a nuvem está para a ....

A televisão está para a imagem assim como o rádio está para o ....

9. O cubo

Qual dos três cubos pode ser formado com a figura da esquerda?

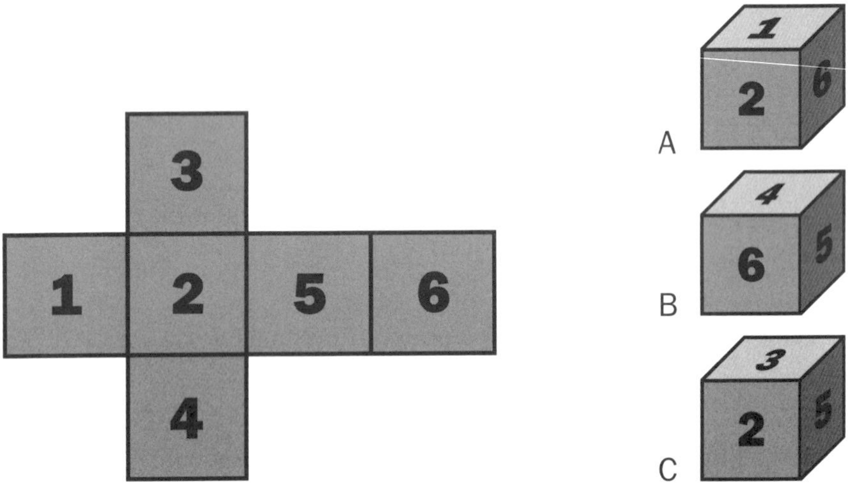

10. Pares de números

Pode-se somar todos estes números em pares para se obter 20 como resultado, exceto com um deles, que sobra. Qual é?

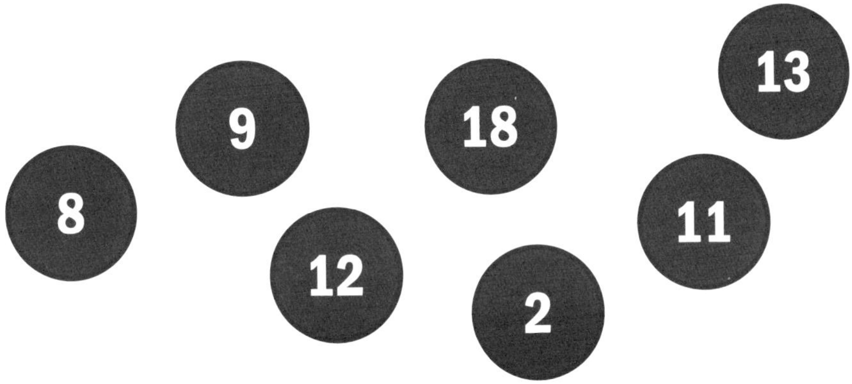

11. Objetos cotidianos

Observe os quatro objetos de cima durante 20 segundos enquanto tapa os de baixo. Passado esse tempo, esconda os objetos de cima e indique aqueles que mudaram de lugar.

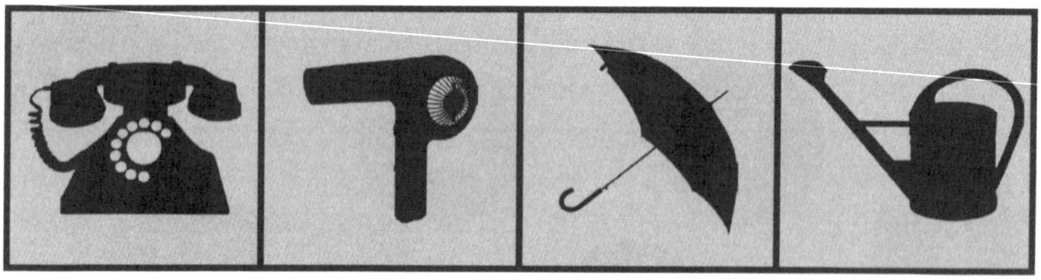

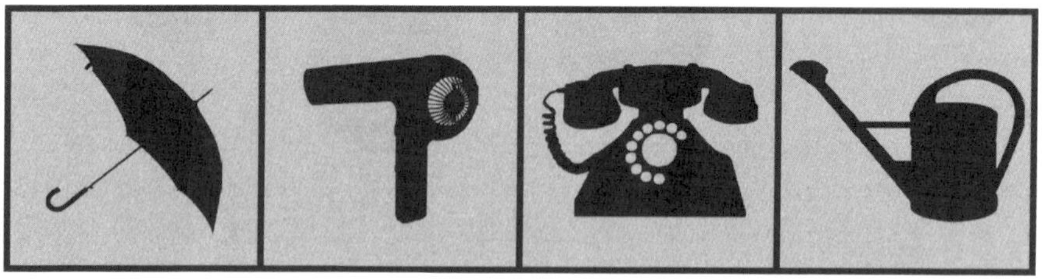

12. Rébus

Descubra dois nomes de homens decifrando estes rébus.

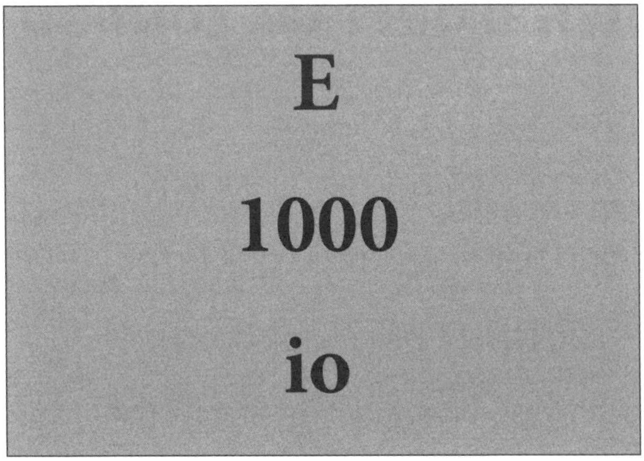

13. Frase desordenada

A qual das quatro opções corresponde a seguinte frase desordenada?

E VIER ESTOU QUE PARA CONTIGO O DER

A – PARA CONTIGO QUE O VIER E DER ESTOU

B – E CONTIGO DER PARA VIER O QUE ESTOU

C – VIER ESTOU E PARA DER O QUE CONTIGO

D – ESTOU CONTIGO PARA O QUE DER E VIER

14. Circuito numérico

Memorize o desenho da esquerda durante três minutos. Em seguida, tape-o e tente reproduzi-lo na figura da direita.

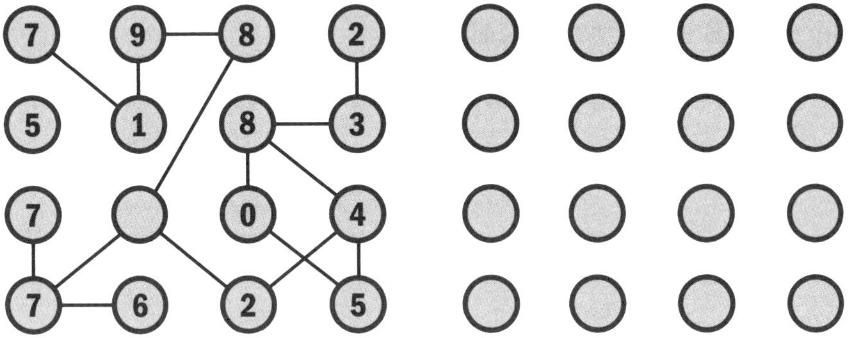

Dica: leia os números no sentido da leitura, da esquerda para a direita. Memorize as linhas em separado. Você deve traçar mentalmente um trajeto.

15. Decifrando códigos

Tomando como base o código abaixo, como se escreve a palavra VOCALIZAR? Circule a opção correta.

Se **VOCAL** se escreve →↑↓↖↗

Se **AZAR** se escreve ↖↙↖↘

Se **IZAR** se escreve _ ↙↖↘

A: ↙↖↘↙↖↘↘

C: ↑↓↖↗↙↖↘

B: →↓↖↗↖↙

D: →↑↓↖↗ _ ↙↖↘

16. O número que falta

Descubra a relação que há entre os números do primeiro quadro e aplique o mesmo critério ao segundo quadro para descobrir o número que falta.

4	9
6	1

5	2
7	?

17. Decodificar

Observe atentamente o código correspondente a cada letra e, em seguida, decifre as palavras secretas.

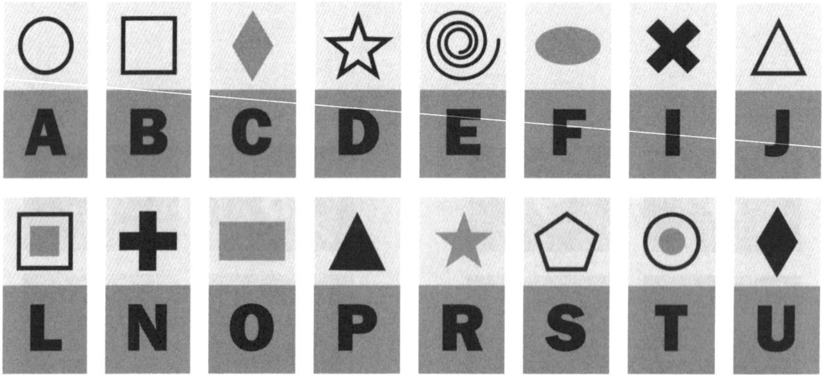

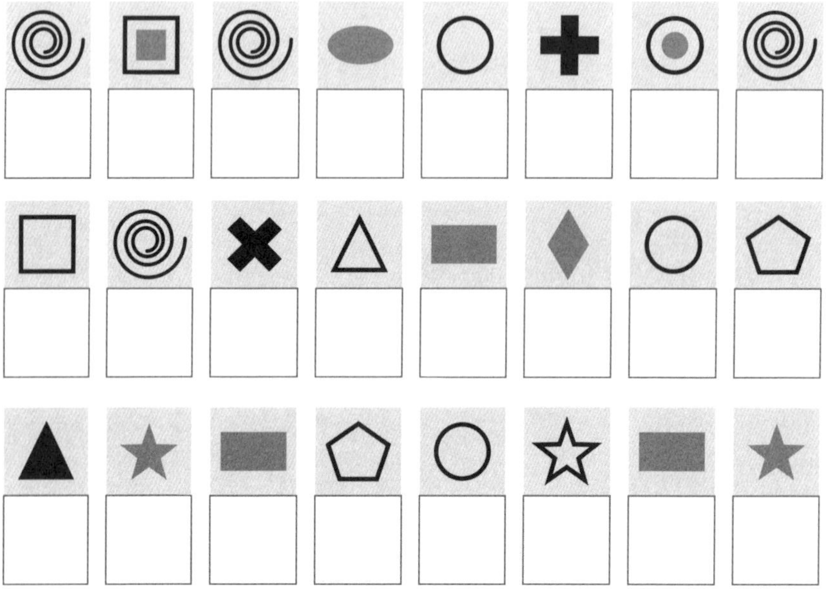

18. Sobreposição de imagens

Quantas figuras há neste desenho?

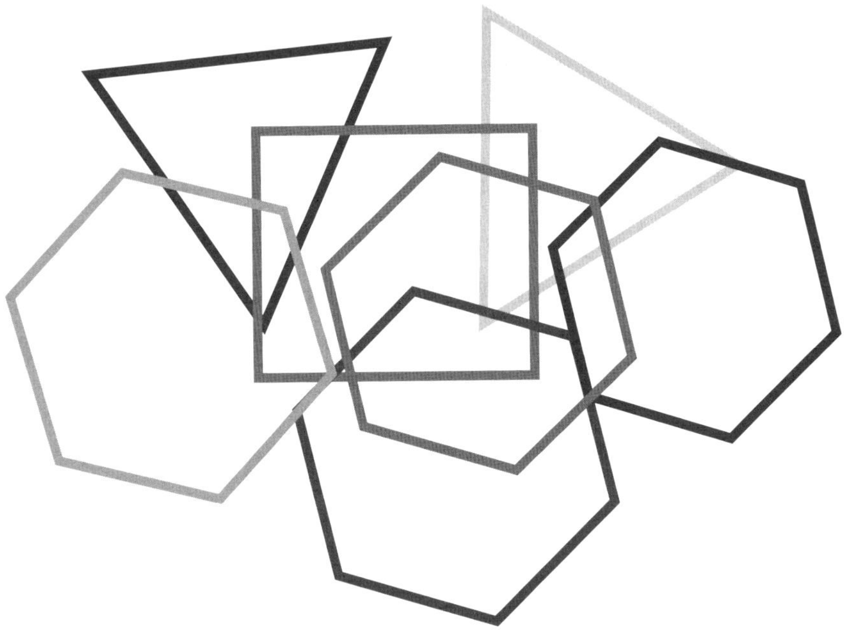

19. Decifrando mensagens

Decifre esta mensagem, tendo em conta as equivalências a seguir:

1=A	2=E	3=I	4=O	5=U

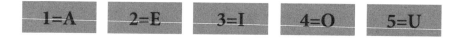

1M1NH1 CH2G1R1 2M 5M B1RC4 5M CL1ND2ST3N4 2SC4ND3D4 Q52 C1RR2G1R1 5M1 M2NS1G2M. V4C2S T2R14 D2 2X2C5T1R 1S 4RD2NS Q52 1 M2NS1G2M LH2S TR1NSM3T3R.

20. Como se chama?

Procure as letras que faltam nos espaços vazios para completar as seis palavras. Com essas letras você poderá formar um nome de mulher. Qual é?

P		N	G	A	R
F	L		U	T	A
	A	L	E	C	O
T	E	M	A		I
	A	V	A	L	O
O	R		L	H	A

....

21. Séries numéricas

Complete as séries da esquerda com o número correto dentre os que figuram à direita:

2 - 6 - 10 - 14		22 / 18 / 30 / 12
62 - 58 - 55 - 53		32 / 66 / 41 / 52
20 - 23 - 26 - 29		21 / 32 / 18 / 30
42 - 51 - 60 - 69		87 / 78 / 50 / 51
15 - 24 - 13 - 22		6 / 11 / 56 / 28
40 - 80 - 160 - 320		260 / 16 / 112 / 640

22. Memorizando círculos

Memorize os círculos das duas fileiras durante dois minutos. Passado esse tempo, tape-os e responda à pergunta logo abaixo.

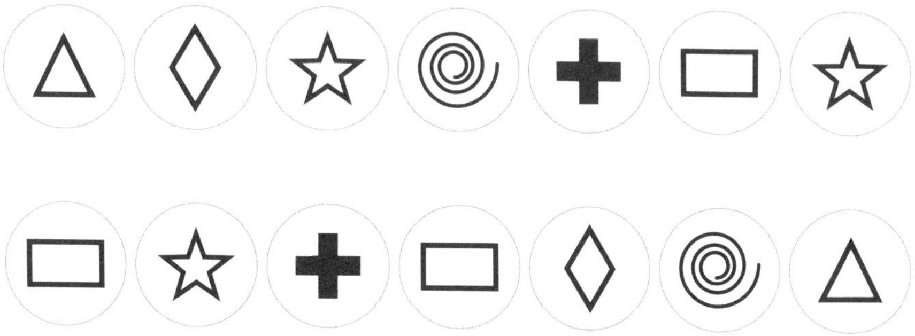

Quais as formas desenhadas nos círculos marcados por listras? Anote a forma logo abaixo deles.

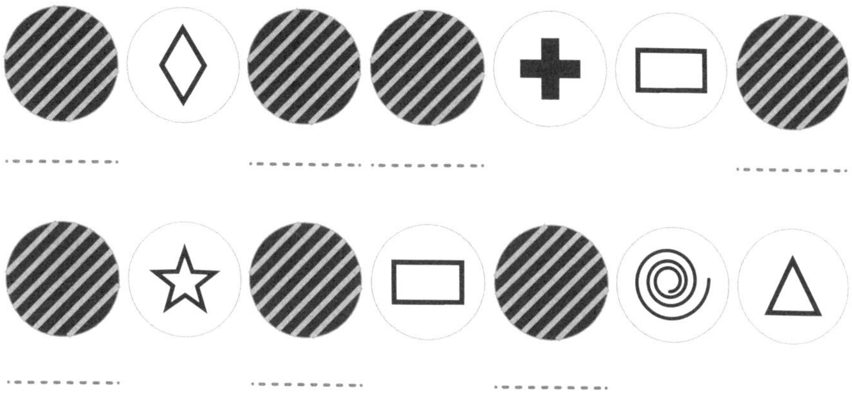

23. Labirinto

Procure o caminho que liga a entrada com a saída, indicadas por setas. Alguns trechos podem passar por debaixo de outros.

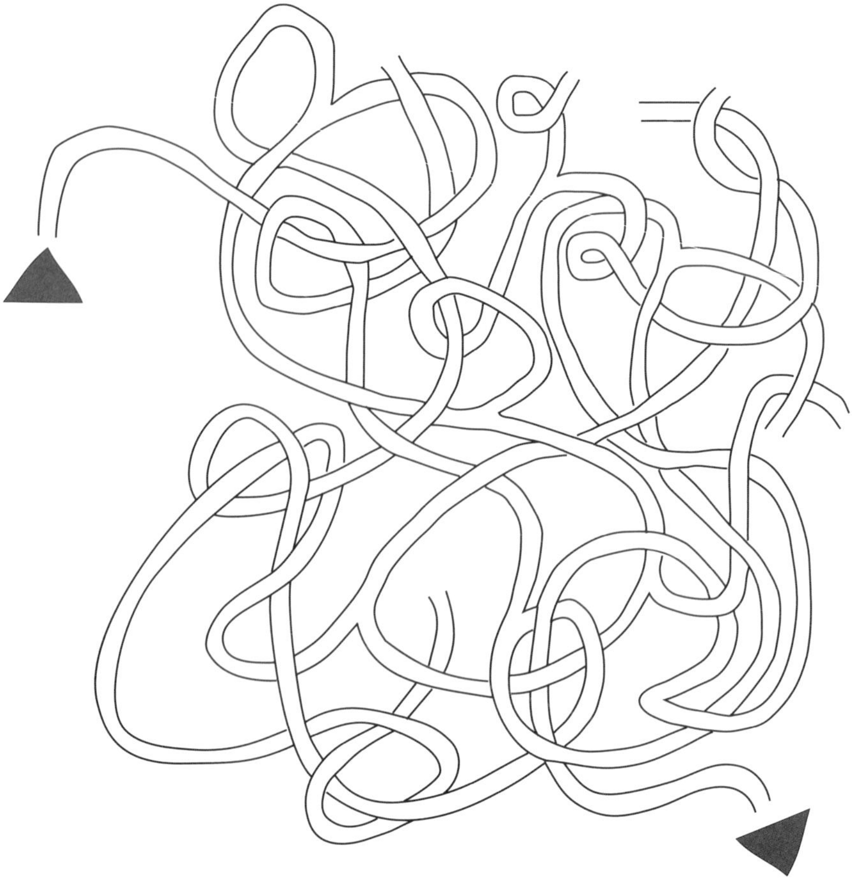

24. Some 66

A soma dos números de uma das colunas não dá 66. Você consegue encontrar qual é?

10	2	14	10	17
6	21	15	3	9
8	9	13	15	10
16	11	5	7	18
19	10	10	22	4
7	13	6	9	8

25. Somando dados

Some os pontos de cada par de dados e ligue os resultados aos números da coluna central.

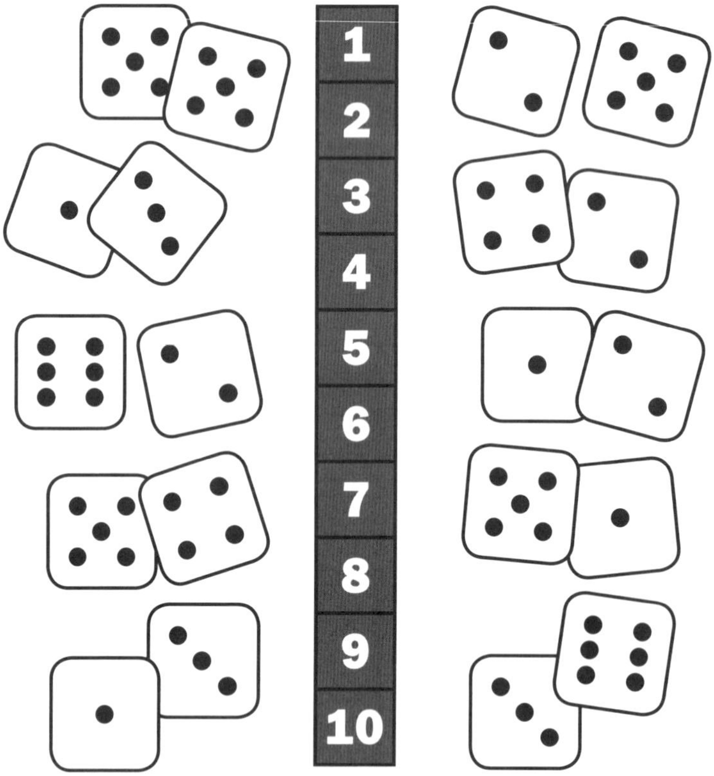

26. Equivalências

O valor de um losango equivale a três círculos. O valor de dois quadrados equivale a um círculo. Qual destas combinações possuem o mesmo valor?

A =
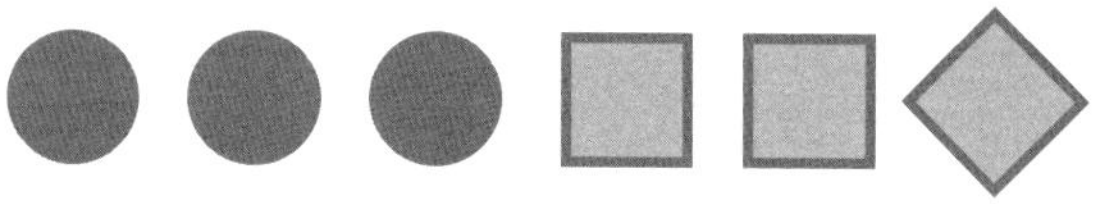

B =
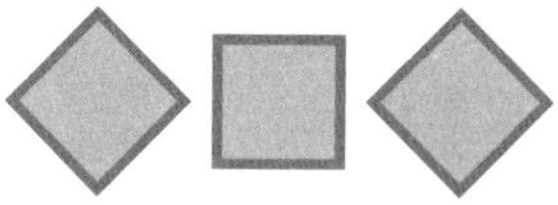

C =

D =
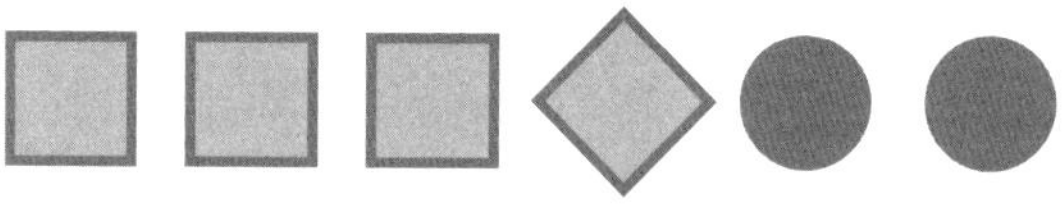

E =
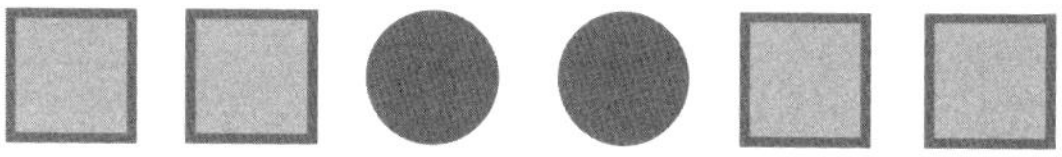

27. Palavras incompletas

Complete as seguintes palavras usando o nome de letras consoantes, por exemplo, "cê" (C), "pê" (P), "bê" (B), "ele" (L), "jota" (J). As palavras não precisam necessariamente possuir os acentos dos nomes das consoantes.

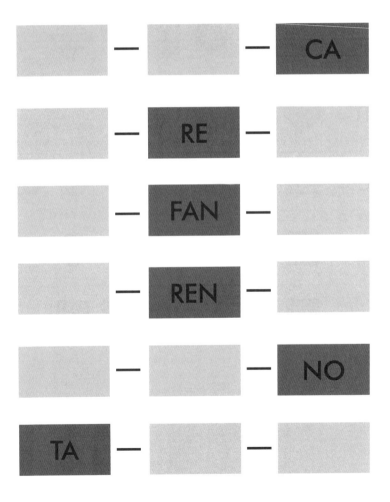

	—		—	CA
	—	RE	—	
	—	FAN	—	
	—	REN	—	
	—		—	NO
TA	—		—	

28. Viagem pelo mundo

Um dos países abaixo é diferente do restante. Qual é e por quê?

ALBÂNIA ▪ ÁUSTRIA ▪ BÉLGICA ▪ CROÁCIA ▪ GRÉCIA ▪ ÍNDIA ▪ RÚSSIA ▪ SÍRIA ▪ UCRÂNIA

29. Lembrando das letras

Olhe atentamente a imagem abaixo durante um minuto. Em seguida, tape-a e responda às perguntas.

Quantos R maiúsculos há? E minúsculos? Que letras há além do R? Onde está a letra P? Onde está a letra Z?

30. A sílaba que falta

Coloque no centro de cada figura a sílaba que falta para formar uma palavra na horizontal e outra na vertical. Estas são as três sílabas ausentes:

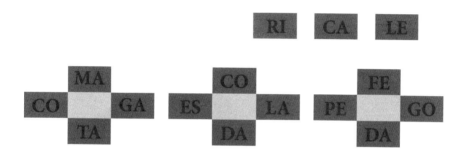

RI CA LE

31. Procurando aquele que não se encaixa

Entre estes meios de transporte há um que não se encaixa. Qual é? Por quê? Uma pista: não é o patinete.

32. A fileira correta

Memorize estas casas com símbolos durante 45 segundos. Em seguida, tape-as e responda à pergunta.

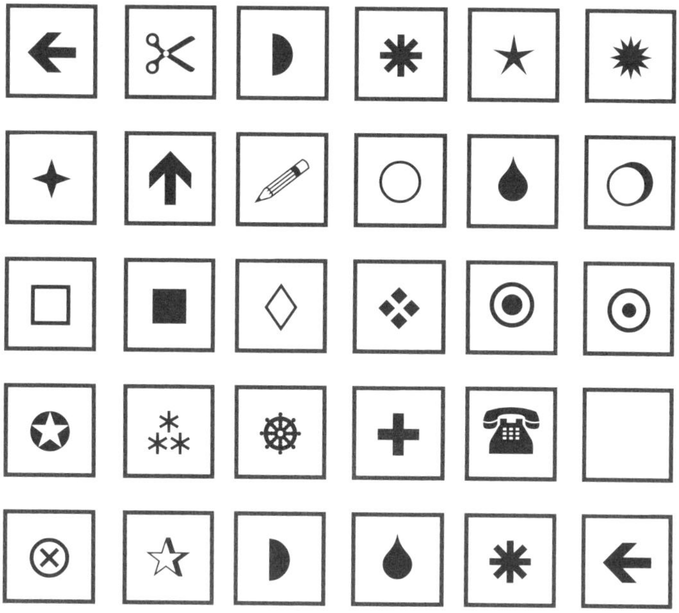

Qual destas fileiras está entre as anteriores?

A: 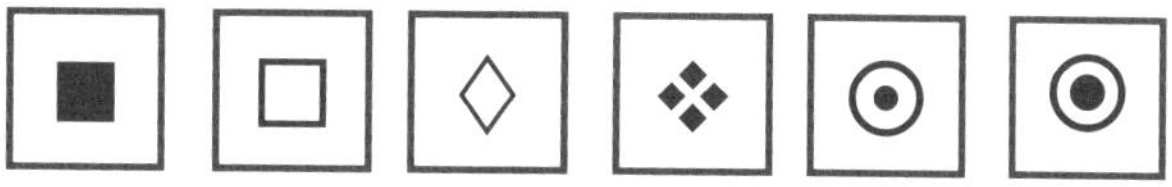

B: 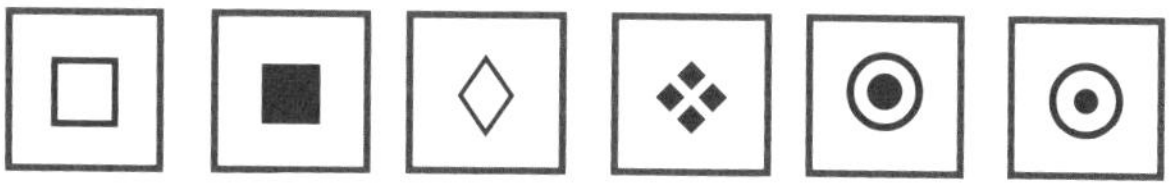

C: 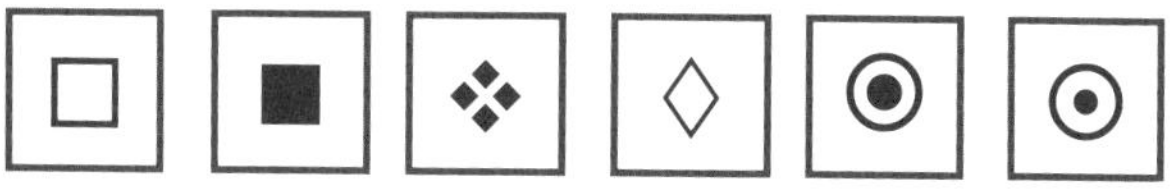

33. Trajeto numérico

Começando pela seta, busque o trajeto que leva até o 101 somando os números de cada casa. Não é necessário passar por todas, mas não se pode passar pela mesma duas vezes.

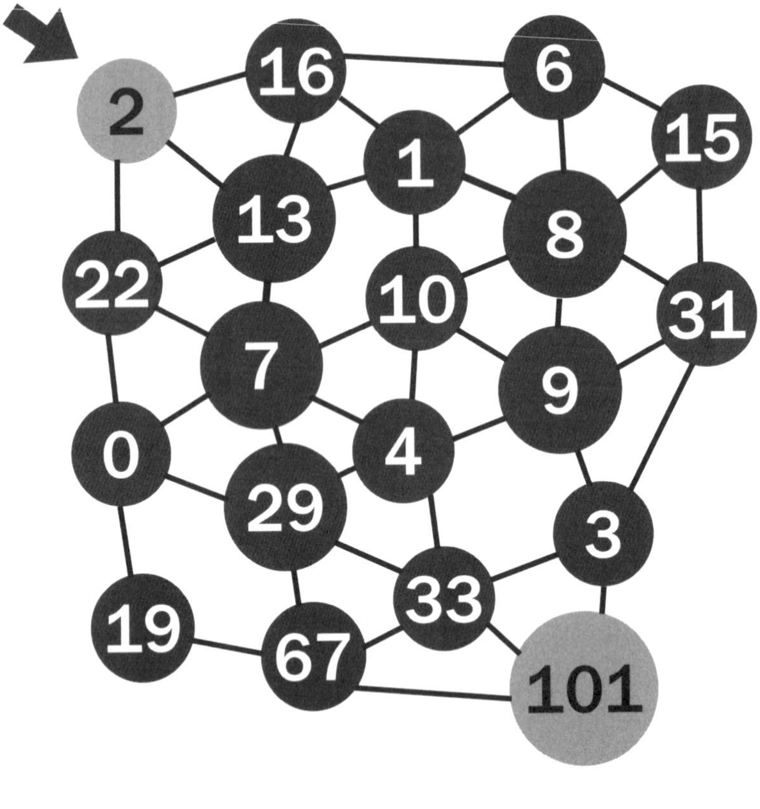

34. Vogais em fuga

Utilize as cinco vogais para completar cada uma das palavras abaixo. As vogais não podem ser repetidas dentro de uma mesma palavra.

L _ G _ M _ N _ S _

PN _ _ M _ T _ C _

T _ _ P _ _ R _

_ RQ _ _ T _ T _

R _ P _ BL _ C _ N _

35. Uma que não se repete

Procure a figura que não se repete.

36. Palavras cruzadas silábicas

Complete esta palavra cruzada silábica com formato piramidal.

Horizontal

① Neste momento, agora.

② Jogo de cartas muito comum em cassinos.

③ Sobrecarregado, azafamado.

Vertical

❶ Preposição.

❷ Vestimenta solta, leve e larga, que pode ser usada tanto por mulheres como por homens.

❸ Réptil.

❹ Apelido carinhoso para o nome Rafael.

❺ Nota musical.

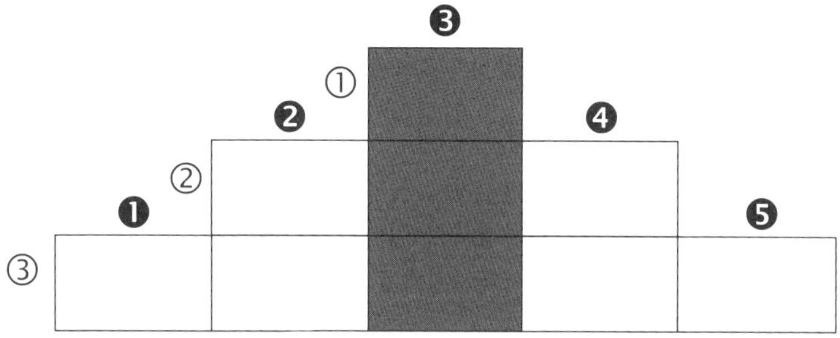

37. Quadrado mágico

Preencha os espaços vazios de modo que todas as colunas, fileiras e diagonais somem 75.

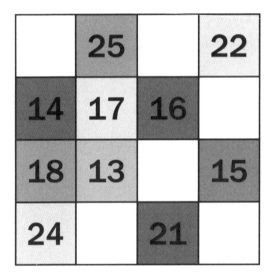

	25		22
14	17	16	
18	13		15
24		21	

38. Onde estão?

Localize as dez peças da direita dentro do quadro abaixo. Elas estão exatamente nesta posição.

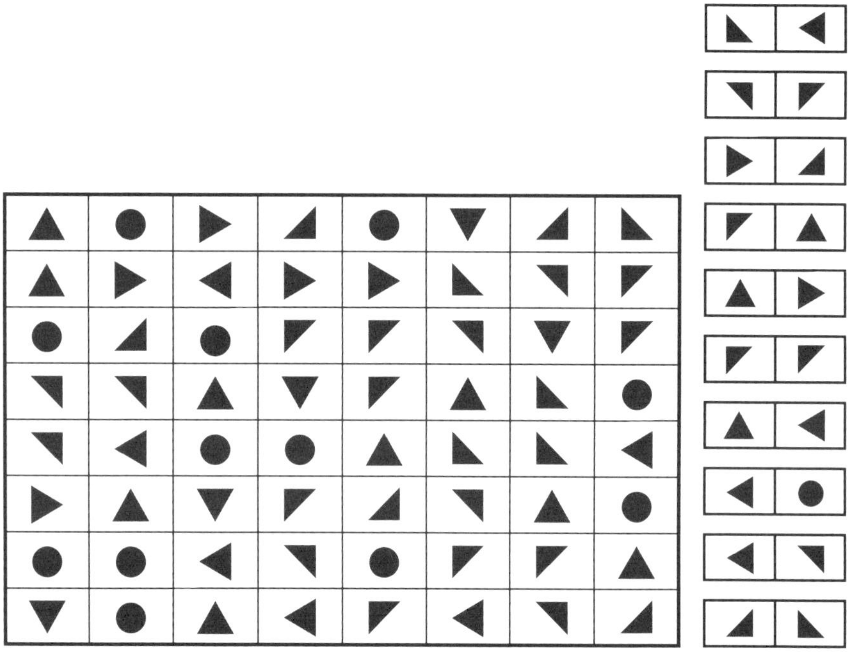

39. Mosaico

Memorize este mosaico em 30 segundos. Em seguida, tape-o e desenhe-o no quadro abaixo.

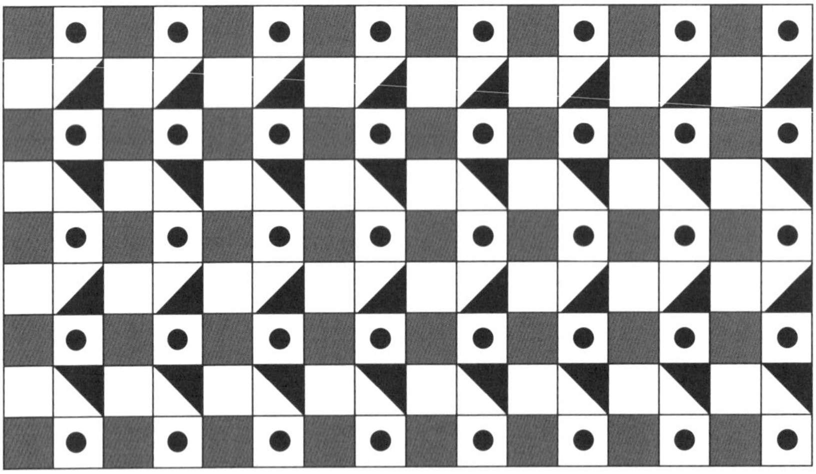

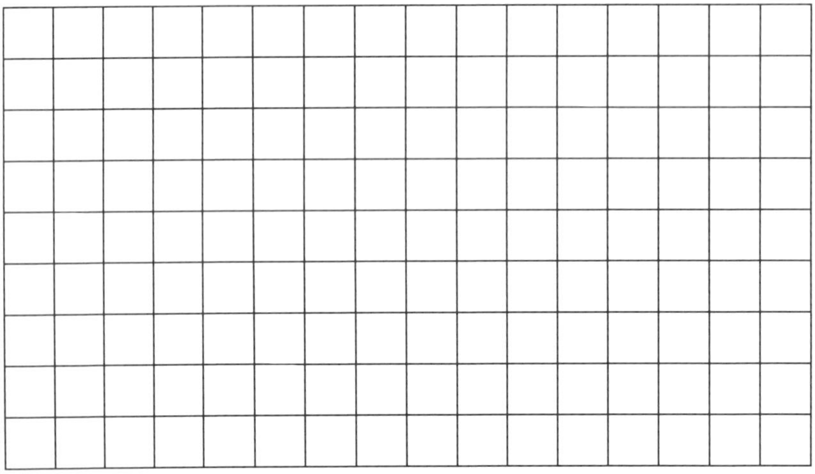

40. Palavras em flor

Que sílaba deve ser colocada no centro para formar quatro palavras de três sílabas? As setas indicam o início de cada palavra.

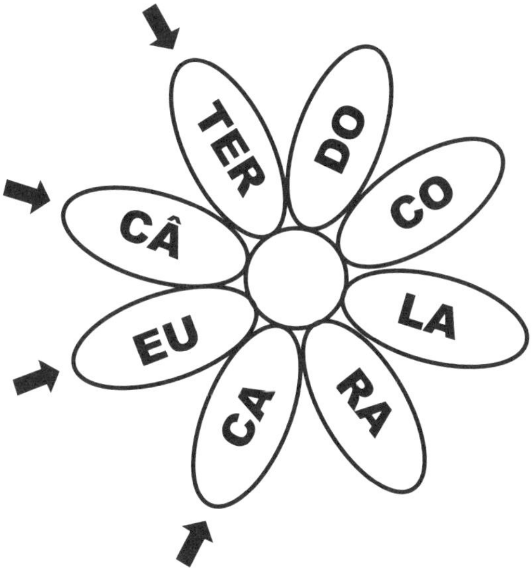

NÍVEL | CÁLCULO

41. Os 9 noves

Faça algumas operações aritméticas com estes 9 noves de modo que o resultado dê 1.000.

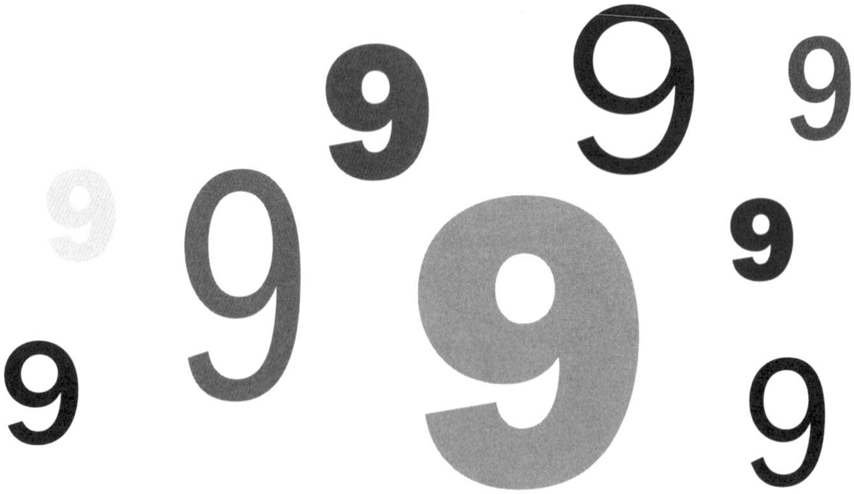

SOLUÇÕES

2.

4	8	16	32	**64**
3	11	15	23	**27**

A ordem lógica que a primeira série segue é (×2): cada número é multiplicado por 2.

A ordem lógica que a segunda série segue é (+8, +4): soma-se 8 ao primeiro número e, ao número seguinte, 4, e assim sucessivamente.

3.

4. O cubo, pois é uma figura de três dimensões.

5.

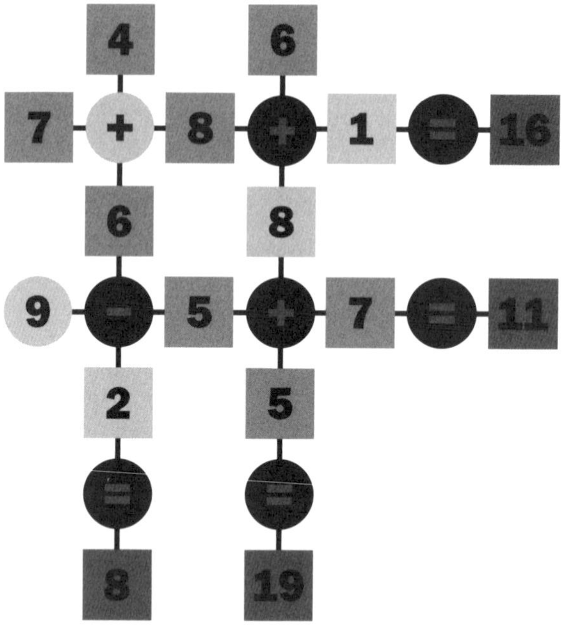

6.

A B M J I L O P Q R T F A S X C V L
M N E U T I O R S T D G H A O P Q
Z C V W E S H I J K E R F V C X
P Q U Y T L N B V S R T E W Q Z
X A S D U V W P U F J Q S A I E F G
X C D E F L O P I Y T G B V C A B C
D Q W E R M O P L K A H G Y F
J K L M A P L H Y W E D C B R S T
Q A Z C V B N Y T R F D S C D E F
Y N G F X Y Z Q O P T L A K J A B C
M U Y T H I J K O P Q G Y I O S D
C X N B Q I J K L M A Z P E R F D I
A M J U Y T F C S D X Z A Q R S T
H Y T C V B W A B C E F G H O I J
M N V C E T R S T U C I O P A S
A Q W E R C D E F T U V W X P
L M A Q H J Y R E T S D N A I

7. LARANJA

CARRETA

FANTASMA

LEITURA

QUADRÍCULA

DROMEDÁRIO

8. O queijo está para o rato assim como a cenoura está para o **coelho**.

O dia 25 de dezembro está para o Natal assim como o dia 6 de janeiro está para o **Dia de Reis**.

O calor está para o verão assim como o frio está para o **inverno**.

O vermelho está para o fogo assim como o verde está para o **gramado**.

O raio está para o trovão assim como a nuvem está para a **chuva**.

A televisão está para a imagem assim como o rádio está para o **som**.

9. O C.

10. O 13.

11. O telefone e o guarda-chuva.

12. Emilio – Marcos.

13. D – Estou contigo para o que der e vier.

15. A opção correta é a **D**.

16. O número que falta é o **10**. No primeiro quadro, 4 + 6 = 10 e 9 + 1 = 10. No segundo quadro, 5 + 7 = 12, e a soma dos dois segundos números deve ser também 12.

17.

18. Há 7 figuras.

19. AMANHÃ CHEGARÁ EM UM BARCO UM CLANDESTINO ESCONDIDO QUE CARREGARÁ UMA MENSAGEM. VOCÊS TERÃO DE EXECUTAR AS ORDENS QUE A MENSAGEM LHES TRANSMITIR.

20. O nome é **JACKIE**.

P	I	N	G	A	R
F	L	**A**	U	T	A
J	A	L	E	**C**	O
T	E	M	A	**K**	**I**
C	A	V	A	L	O
O	R	**E**	L	H	A

21.

2 - 6 - 10 - 14	18
62 - 58 - 55 - 53	52
20 - 23 - 26 - 29	32
42 - 51 - 60 - 69	78
15 - 24 - 13 - 22	11
40 - 80 - 160 - 320	640

22.

23.

24.

10	2	14	10	17
6	21	15	3	9
8	9	13	15	10
16	11	5	7	18
19	10	10	22	4
7	13	6	9	8

25.

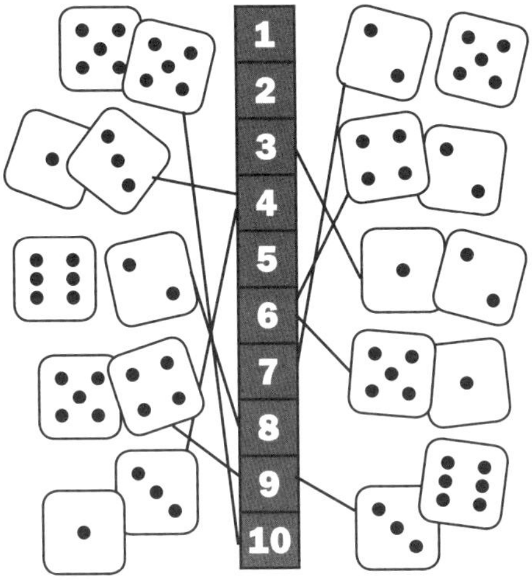

26. As combinações com o mesmo valor são B, C e D.

27. pe-te-CA

ca-RE-ca

ele-FAN-te

ge-REN-te

pe-que-NO

TA-pe-te

28. **Bélgica**, pois é o único país que não termina com "ia".

29. Há 7 R maiúsculos, 2 R minúsculos, um W, um P e um Z. O P está em cima, à direita, e o Z, embaixo, à direita.

30.

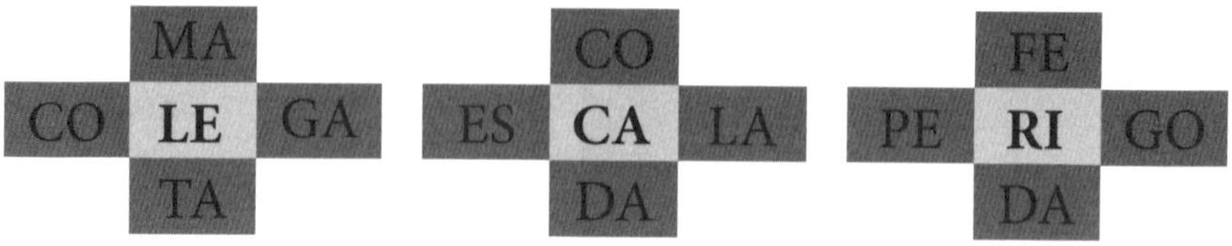

31. É o DIRIGÍVEL, porque não possui rodas.

32. A fileira correta é a **B**.

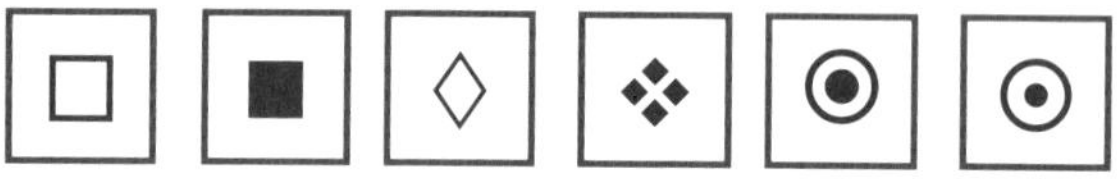

33. O trajeto que você deve seguir é: 2-22-7-13-16-6-1-8-10-4-9-3 = 101.

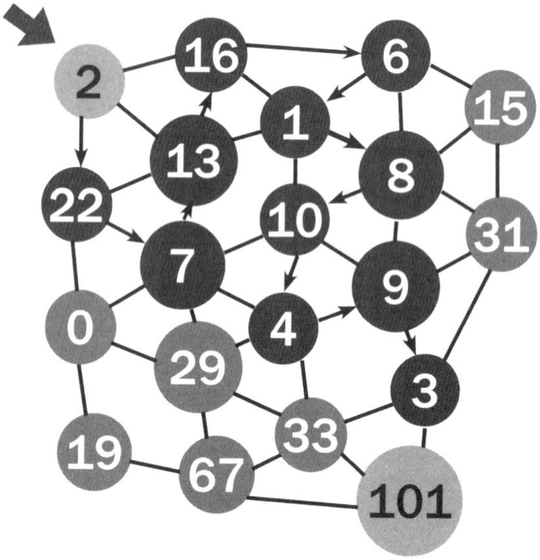

34. L**E**G**U**M**I**N**O**S**A**
PN**EU**M**Á**T**I**C**O**
T**OU**P**EI**R**A**
ARQ**UI**T**E**T**O**
R**E**P**U**BL**I**C**A**N**O**

35.

36.

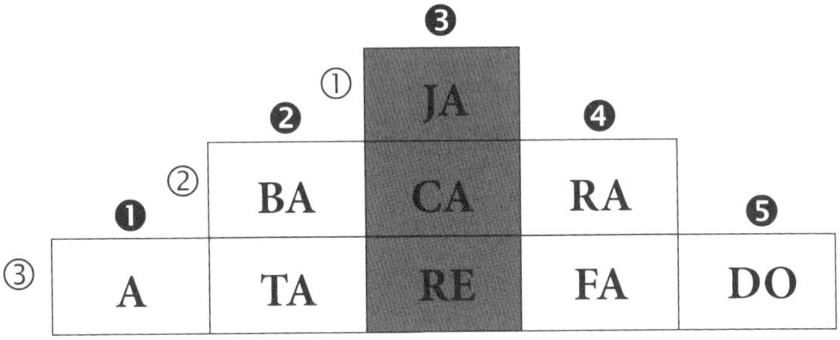

37.

19	25	9	22
14	17	16	28
18	13	29	15
24	20	21	10

38.

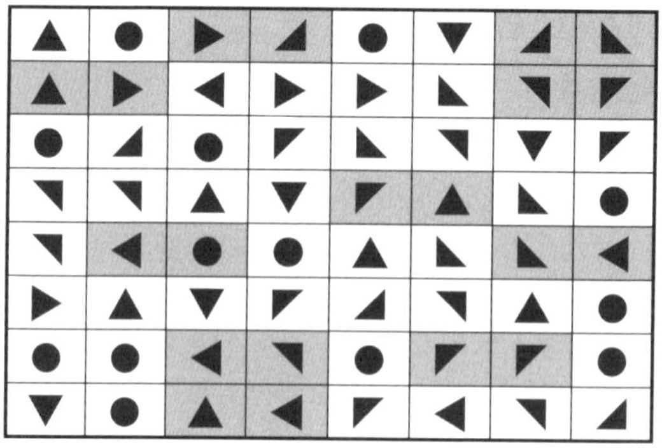

40. A sílaba que falta é **NU**.

41. 999 : 999 = 1

1 + 999 = **1.000**